火山的故事

图书在版编目（CIP）数据

火山的故事 /（加）朱莉·罗伯格著;（加）亚历山
德拉·麦克绘;张伟译. -- 成都:四川科学技术出版
社,2023.9

ISBN 978-7-5727-1119-0

Ⅰ.①火… Ⅱ.①朱… ②亚… ③张… Ⅲ.①火山—
儿童读物 Ⅳ.①P317-49

中国国家版本馆CIP数据核字（2023）第177014号

著作权合同登记图进字21-2023-210号

本书中文简体版权归属银杏树下（上海）图书有限责任公司。

审图号：GS京（2022）0769号

Monstres sacrés, voyage au coeur des volcans

© Text Julie Roberge, 2021
© Illustrations Aless MC, 2021
© Les Éditions de Ia Pastèque

Simplified Chinese edition published in agreement with Koja Agency

火山的故事
HUOSHAN DE GUSHI

著　　者	［加］朱莉·罗伯格
绘　　者	［加］亚历山德拉·麦克
译　　者	张　伟
选题策划	北京浪花朵朵文化传播有限公司
出 品 人	程佳月
出版统筹	吴兴元
责任编辑	谌媛媛
助理编辑	钱思佳
特约编辑	周雪莲
责任出版	欧晓春
装帧设计	墨白空间·余潇靓
出版发行	四川科学技术出版社

　　　　　地址：成都市锦江区三色路238号　邮政编码：610023
　　　　　官方微博：http://weibo.com/sckjcbs
　　　　　官方微信公众号：sckjcbs
　　　　　传真：028-86361756

成品尺寸	215 mm × 315 mm
印　　张	5.75
字　　数	68千字
印　　刷	河北中科印刷科技发展有限公司
版　　次	2023年9月第1版
印　　次	2023年10月第1次印刷
定　　价	99.80元

ISBN 978-7-5727-1119-0

邮购：成都市锦江区三色路238号新华之星A座25层　邮政编码：610023
电话：028-86361770

浪花朵朵

火山的故事

［加］朱莉·罗伯格 著　　［加］亚历山德拉·麦克 绘

张伟 译

四川科学技术出版社

目 录

拉基火山
冰岛

埃亚菲亚德拉冰盖火山
冰岛

奥弗涅火山群
法国 ▲

维苏威火山 ▲
意大利 ▲

斯特龙博利火山
意大利

▲ **黄石火山**
美国

帕里库廷火山
墨西哥 ▲

塞罗内格罗火山
尼加拉瓜 ▲

培雷火山
马提尼克（法）▲

冒纳罗亚火山
基拉韦厄火山
洛伊希海底火山
夏威夷群岛（美）

伊拉苏火山 ▲
哥斯达黎加

科登·考列火山 ▲
智利

* 本书插图系原文原图

▲ 富士山
日本

皮纳图博火山 ▲
菲律宾

乞力马扎罗山
坦桑尼亚

喀拉喀托火山 ▲
印度尼西亚

▲ 坦博拉火山
印度尼西亚

▲ 富尔奈斯火山
留尼汪（法）

鲁阿佩胡火山 ▲
新西兰

埃里伯斯火山 ▲
南极洲

世界
火山地图

自深深的
地底而来……

滚烫的岩浆从地壳的裂隙里喷涌而出，火山形成了。火山的顶部形成了漏斗一样的洼地，这就是火山口。

在过去的 1 万年里，地球上曾有 1500 多座活火山。自人类有史以来，有超过 500 座火山至少曾喷发过一次，其中也包括神秘的海底火山。

当一座火山喷发时，我们在数千米外都能感到大地的震动。由此可见，火山与地球"五脏六腑"的联系是多么紧密啊！

火山对地球的良好运转起着非常重要的作用——通过火山，地球得以将被困在地壳之下的热量和压力释放出来。从某种意义上来说，火山喷发几乎就是地球的"呼吸"。

其实，火山远比表面上看起来的样子复杂得多。巨大的火山口只是火山在地球表面可见的一小块。恰如我们只能看到冰山的一角，火山向我们展示的也只不过是它的一小部分而已。

火山雄伟壮观，但有时也是破坏之王。历史上，成千上万的人在火山喷发事件中丧生，其中最著名的便是公元 79 年的庞贝城事件。就在 2019 年，新西兰怀特岛火山喷发也夺走了十余人的生命。

随着时间的推移，火山学得到了发展，人类对火山的活动机制有了更深入的了解，从而能够预报可能发生的灾害。

虽然我们可以用一些科学定律来解释火山活动，但不同的火山各有其特点。现在，就让我们一起踏上"发现之旅"，去看看那些著名的火山吧！这将是一次环游地下世界的旅程，我们将进入地球的内部，去探索火山的奥秘！

有关火山的
神话传说

古往今来，人类一直对火山怀着敬畏之心。可能是因为在它面前，我们人类显得渺小又脆弱；抑或是因为火山既能令周边的土地肥沃，又能给当地的居民带来毁灭性的灾难。

火山的能量让近距离接触它的人既尊敬又惧怕，于是众多与火山有关的神话传说应运而生。

在不同地区的传说中，火山或是神明的住所，或是地狱的入口……

火神伏尔甘

在罗马神话中，火神、锻冶之神伏尔甘住在火山里。

在希腊神话中，他的名字是赫菲斯托斯。

汤加里罗火山

根据毛利人的传说，
汤加里罗火山和塔拉纳基火山曾经发生过一场争斗。
塔拉纳基火山暂时败下阵来。
所以，直到今天仍然有人不敢在这两座火山之间居住，
担心这两座火山再起"争斗"。

波波卡特佩特火山

在墨西哥，有一个源于阿兹特克文明的传说：
一对惨死的恋人化成了波波卡特佩特火山和伊斯塔西瓦特尔火山。
据说，波波卡特佩特火山喷发，
是这位战士在向美丽的伊斯塔西瓦特尔表达永恒的爱意。

布罗莫火山

在有些地方，人们对火山的崇拜为它们披上了神圣的光环。
印度尼西亚爪哇岛东部的布罗莫火山，就被称为神圣的火山。
每年会有成千上万的朝圣者来到这里，
组织庆典活动，感谢神明让土地变得肥沃。

19

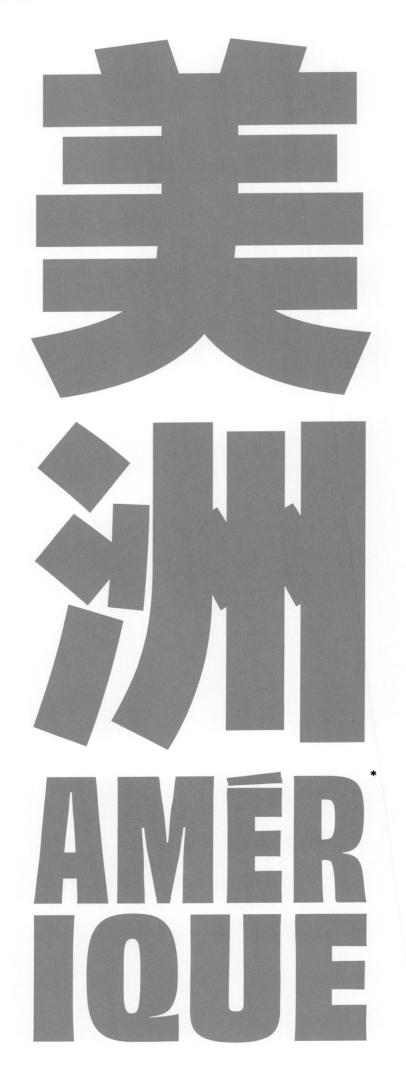

美洲

AMÉRIQUE*

＊该单词为法语，"美洲"之意。后文章节名下皆有该章节名对应的法语。——编者注

黄石火山
美国

帕里库廷火山
墨西哥

塞罗内格罗火山
尼加拉瓜

培雷火山
马提尼克（法）

伊拉苏火山
哥斯达黎加

科登·考列火山
智利

黄石火山

美 国

位于北美洲黄石国家公园的黄石火山号称超级火山。它是典型的破火山口火山。英语中的"caldera"（破火山口）一词来自西班牙语，有"大锅"的意思。这种火山看上去就像是大地上凹陷的一个大坑。相比之下，夏威夷岛的火山则大多是典型的盾状火山，看上去像是一块块扣在地面上的盾牌。

在过去的几百万年里，黄石火山曾有3次超级爆发。几千立方千米的岩浆喷涌而出，威力惊人，最终导致火山口周边的火山堆积物坍塌，形成了巨大的破火山口。

在火山口之下，是巨大的岩浆房，里面储存了大量高温岩浆，它们不断加热地下水，使高温的水有规律地喷出地面，成为间断喷发的温泉——间歇泉。

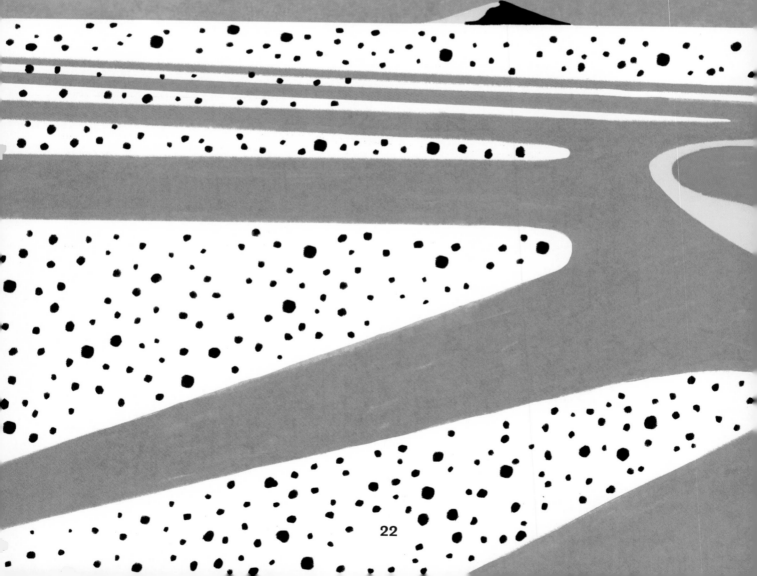

22

间歇泉

黄石国家公园拥有众多间歇泉，
其中，最著名的就是老实泉了！
因喷发间隔非常有规律，
所以它被称为"老实泉"。

帕里库廷火山
墨西哥

现在我们来到了北美洲南部的帕里
库廷火山。这座火山诞生于 1943 年
2 月 20 日，是北美洲最年轻的火山。

在米却肯州到瓜纳华托州的广阔土
地上，分布着 1400 多座火山，帕里
库廷火山就是其中的一座。

帕里库廷火山是单成因火山，也就是
说，它由一次火山喷发形成，之后便
陷入了长久的沉睡。然而，那次喷发
的时间长达 9 年！

幸免于难的教堂钟楼

很多人都对帕里库廷火山的诞生记忆犹新。
最初，只是在玉米地里出现了一根小小的、
只有几米高的烟柱，但不久之后，
火山喷发出来的熔岩就将整个帕里库廷村掩埋了，
只有当地的一座教堂的钟楼矗立其间。

25

塞罗内格罗火山
尼加拉瓜

再往南一点，你会遇见位于尼加拉瓜的塞罗内格罗火山。它的火山渣锥（火山锥的一种，主要是由火山碎屑物在喷出口周围堆积而成的山丘）高约 500 米，周围是凝固的熔岩。塞罗内格罗火山于 1850 年首次喷发，算得上是比较年轻的火山。

塞罗内格罗火山喷发时极具爆发力，每两次喷发间隔几年至十几年不等。最近的一次大型喷发是在 1999 年。现在，你甚至可以徒步登上火山顶，看一看火山口时不时释放出的烟雾。

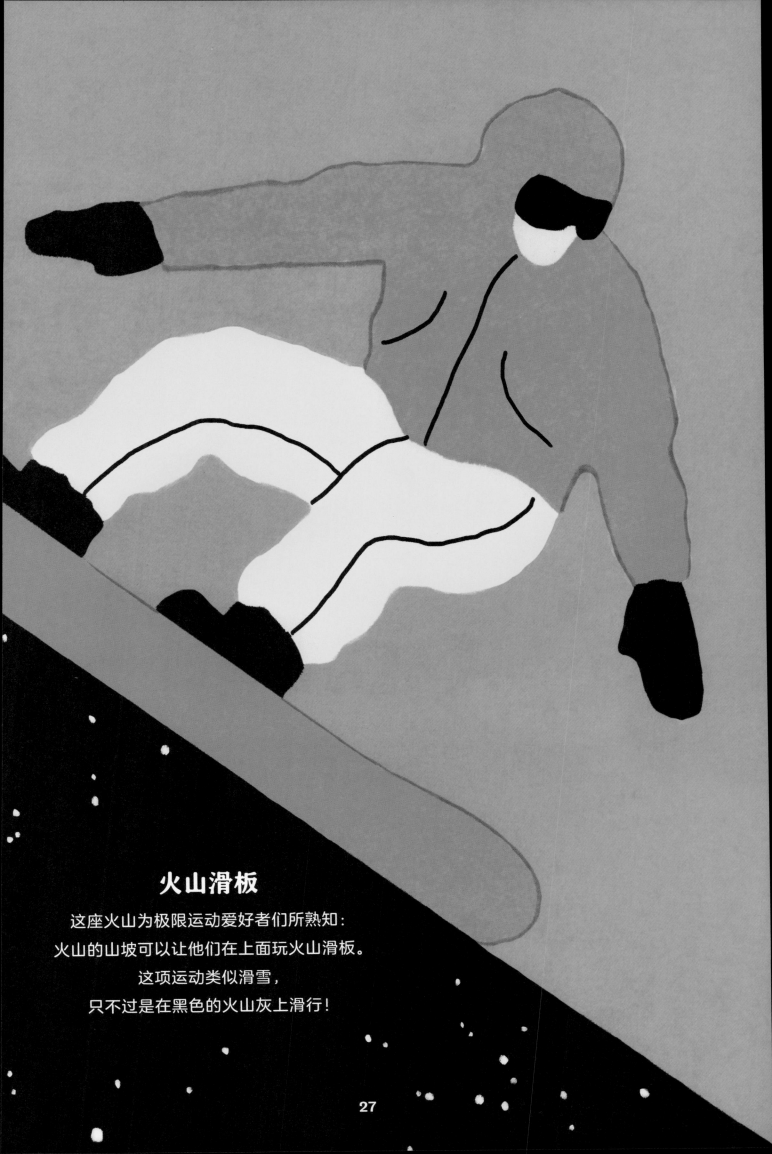

火山滑板

这座火山为极限运动爱好者们所熟知：
火山的山坡可以让他们在上面玩火山滑板。
这项运动类似滑雪，
只不过是在黑色的火山灰上滑行！

伊拉苏火山

哥斯达黎加

尼加拉瓜再往南就是哥斯达黎加。哥斯达黎加最高、最活跃的活火山便是伊拉苏火山，它的海拔为 3432 米。它最近一次喷发是在 20 世纪 70 年代，所幸没有给当地的居民造成太大的损失。

但是，1963 年至 1965 年期间那次喷发产生的火山灰，使圣何塞城以及周边地区遭到了严重破坏。

风光旖旎的酸性火山口湖是伊拉苏火山的一大亮点，湖水有时候为绿色，有时候为蓝色。

酸性火山口湖

酸性火山口湖是一种在火山口里形成的湖泊。
岩浆释放的气体在湖水中溶解，
使湖水呈酸性。

培雷火山
马提尼克（法）

马提尼克岛是法国的一个海外大区，培雷火山就位于该岛北部，海拔 1397 米，当地人称它为"北方贵妇人"。培雷火山是小安的列斯群岛中最活跃的火山之一——近 5000 年以来，培雷火山已经发生过 20 多次大喷发了。

在 20 世纪，培雷火山毁灭性最大的那次喷发发生在 1902 年。那一次，圣皮埃尔几乎全城覆没，3 万多居民丧生。

那次喷发经常被当作"培雷式喷发"的典型例子，其特征是喷发极其强烈，且伴有大量可怕的火山碎屑流（高温碎屑和气体的混合物，沿着山坡高速俯冲下去）。

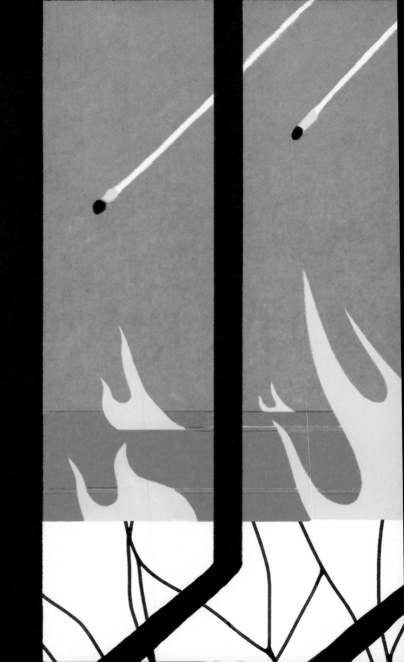

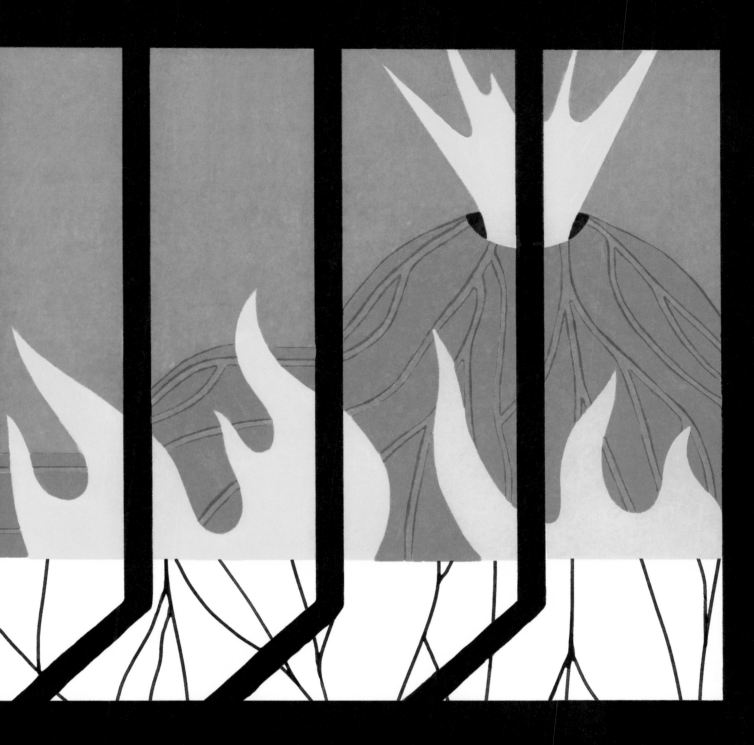

灾难中的幸存者

1902 年，培雷火山喷发后，圣皮埃尔仅有几名幸存者。

其中最著名的要数因酗酒滋事被关进监狱的那位了！

这个人叫路易－奥古斯特·西尔巴里，

当时他被关押在一间半地下式的牢房里，

这间牢房没有窗户，门上只有一条很窄的缝隙。

火山喷发后的几天，他被救了出来，但被严重烧伤了。

之后，西尔巴里跟随巴纳姆贝利马戏团在美国各地巡回演出，

给人们讲述自己劫后余生的故事。

科登·考列火山

智利

科登·考列火山位于安第斯山脉南部火山区。它的最近一次喷发是在 2011 年 6 月，这次喷发引起了人们的关注。火山喷发产生了巨大的火山烟羽（喷发时上升至高空中的颗粒和气体的混合物），给航空造成了严重影响。

科学家们还见证了由黑曜岩组成的熔岩流（呈液态在地表流动的熔岩）的特殊运动方式。

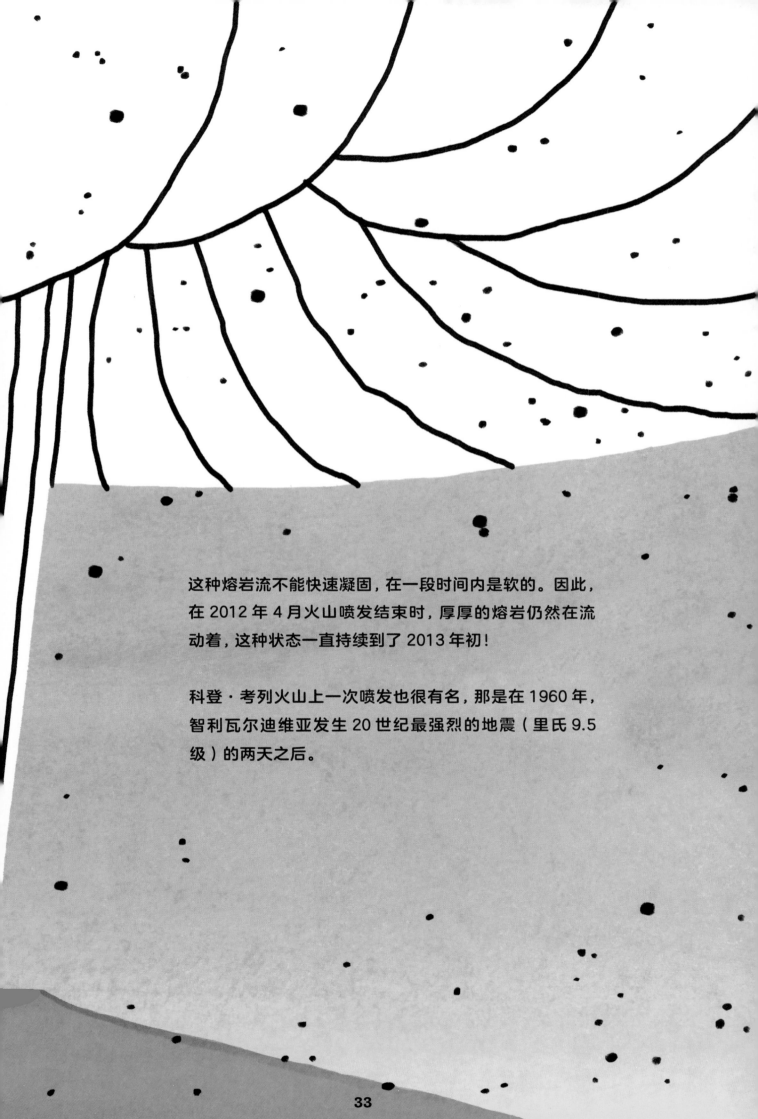

这种熔岩流不能快速凝固，在一段时间内是软的。因此，在 2012 年 4 月火山喷发结束时，厚厚的熔岩仍然在流动着，这种状态一直持续到了 2013 年初！

科登·考列火山上一次喷发也很有名，那是在 1960 年，智利瓦尔迪维亚发生 20 世纪最强烈的地震（里氏 9.5 级）的两天之后。

拉基火山
冰岛

埃亚菲亚德拉冰盖火山
冰岛

▲ **奥弗涅火山群**
法国

▲ **维苏威火山**
意大利

斯特龙博利火山 ▲
意大利

欧洲
EUROPE

埃亚菲亚德拉冰盖火山

冰 岛

这个名字读起来有点拗口！埃亚菲亚德拉冰盖火山位于冰岛南部。值得一提的是，它是一座冰下火山。

2010 年，埃亚菲亚德拉冰盖火山喷发，导致欧洲空运陷入数日的瘫痪状态！原因是它的火山烟羽被发动机吸入后会导致故障。

冰岛 —— 火山之岛

在冰岛，你可以短时间内
从一个构造板块到另一个构造板块：
它的西部属于北美板块，而东部则属于
亚欧板块。冰岛位于大西洋中脊之上，
这是大西洋中的一条 1.5 万多千米
长的海底山脉。亚欧板块和北美板块
在这里分离，因而这里地震和火山活动频繁。
冰岛就是在火山活动频发的时期形成的。

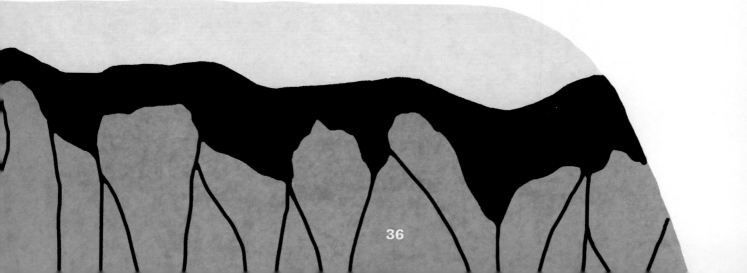

拉基火山
冰 岛

拉基火山，也被叫作拉基环形山。它形成于 1783 年的那次火山喷发，这次喷发被认为是有史以来地球上规模最大的熔岩喷发。从 1783 年 6 月开始，一直持续到次年 2 月初，火山喷发产生熔岩约 12.3 立方千米，覆盖面积约 565 平方千米。

这次喷发产生了大量的火山灰，使当地连续几个月都暗无天日。喷发产生的有毒气体使几十万头牛羊死去，引发的饥荒使冰岛人口减少了约 20%。

这次火山喷发导致北欧气候极端异常，甚至可能是 1789 年法国大革命的诱因之一！

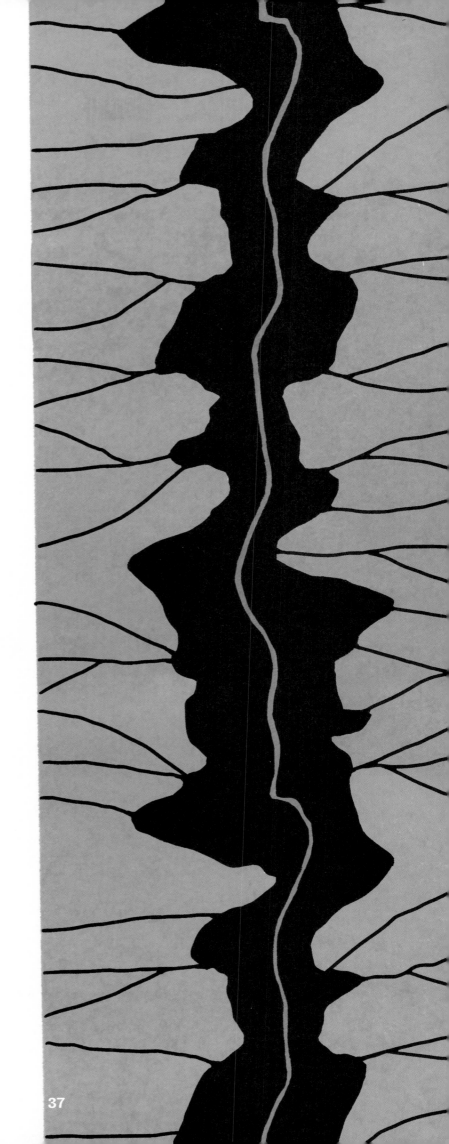

奥弗涅火山群

法 国

奥弗涅火山群位于法国中部,由众多火山锥、火山口湖和火山穹丘(馒头状的小山)组成,其中近 70 个火山锥集中在多姆高原,构成了广为人知的多姆山脉。我们今天看到的奥弗涅火山群大约于 7 万年前开始出现,其大部分形成于 1.2 万年前。

这片遍布火山的土地因火山口湖而闻名,也是孕育神话和传说的沃土。在这些口口相传的故事里,邪恶的动物和魔鬼般的生灵居住在这里的山林和湖泊之中。

被"神明"吞没的城市

约 6000 年前,在奥弗涅火山群最近的一次活动中形成了著名的巴万湖。它的名字来源于拉丁语单词"pavens",意思是"恐怖的"。在神话故事里,愤怒的神明吞掉了一座城市,其残骸就在巴万湖的湖底。

斯特龙博利火山
意大利

斯特龙博利火山位于意大利的埃奥利群岛。这座火山海拔 924 米，是我们这颗星球上最活跃的火山之一。一千多年以来，斯特龙博利火山几乎一直在喷发。

斯特龙博利火山被人们誉为"地中海灯塔"。这座火山以夜间喷发而闻名。满是岩浆的中央火山口将熔岩喷射至高空中，恰如喷泉一般，景象十分壮观，长期以来吸引着无数游客前来参观。

斯特龙博利式喷发

斯特龙博利火山的大多数喷发都由火山气体释放而引起。火山口上方会喷出炙热的熔岩，看起来像烟花一样。这种喷发形式被称为"斯特龙博利式喷发"。

41

维苏威火山
意大利

维苏威火山是世界上最著名的火山之一。它位于意大利西海岸，俯瞰那不勒斯湾和那不勒斯古城。大约 1.7 万年以前，在早期喷发形成的火山索马山之上，出现了维苏威火山，后者在历史上一直很活跃。

1.7 万年以来，维苏威火山有过 8 次大规模的爆炸式火山喷发，这些喷发活动往往伴有大量的火山碎屑流。

其中最著名的就是公元 79 年的庞贝城事件。

在火山学里，庞贝城的悲剧有着极其重要的研究意义。火山喷发时，作家小普林尼就在对面的海岸，他在一封信里描述了喷发时的情景。这极有可能是人类第一次进行有关火山喷发活动的详细描述。那天出现高高的伞状喷发柱，这种喷发形式后来被命名为"普林尼式喷发"。

那天，庞贝城……

坠落的厚重火山灰压垮了房屋，
猛烈的火山碎屑流淹没了庞贝城
以及港口城市赫库兰尼姆。
维苏威火山最近一次喷发是在 1944 年，
它目前仍然非常活跃，
包括美丽的那不勒斯古城在内的周边城市
仍处于极大的危险之中。

皮纳图博火山
菲律宾

喀拉喀托火山 ▲
印度尼西亚

坦博拉火山
印度尼西亚

富士山 ▲
日本

亚洲
ASIE

富士山
日 本

富士山是日本最高、最著名的火山。它近似优美的圆锥形，是很多人心中火山的代名词，也是日本的象征之一。

富士山海拔 3776 米。自 781 年开始，它至少喷发过 16 次。大量的熔岩流堵塞了富士山北面御坂山的水道，形成了富士五湖，使其成为著名的旅游胜地。

富士山最近一次喷发是在 1707 年，火山灰飘散到了 100 千米之外的东京。

神圣的山

对日本人来说，
富士山是一座神圣的山。他们认为，
只有对掌管富士山的神表示尊敬，
神才会阻止富士山喷发。
每年都会有数十万日本人来到这里，
沿着山间小路攀登。

皮纳图博火山
菲律宾

皮纳图博火山位于菲律宾的吕宋岛。1991 年，剧烈的火山喷发把山顶削去了 250 多米，从此这座火山"声名远扬"。这是 20 世纪最重大的火山喷发事件之一！ 1991 年之前，它的海拔是 1745 米，而如今仅有 1486 米。

尽管这次火山喷发使数百人丧生，造成了严重的损失，但在喷发的前些天，火山监测和人员疏散工作仍然挽救了几万人的生命。

1991 年之后，皮纳图博火山一直处于活跃期，不排除有再次大规模喷发的可能。现在，人们仍严密地监测着这座火山。

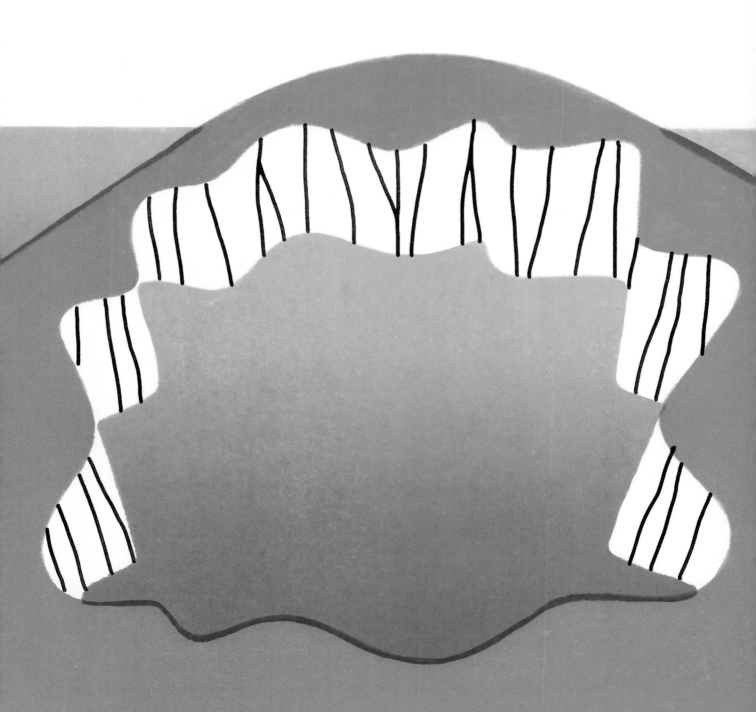

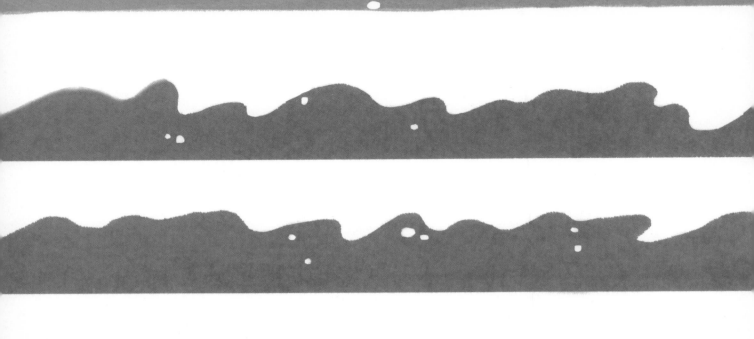

喀拉喀托火山
印度尼西亚

喀拉喀托火山位于爪哇岛和苏门答腊岛之间的巽他海峡，
与维苏威火山争夺着世界上最著名火山的名号。

同黄石火山一样，喀拉喀托火山也属于破火山口火山。据
推测，大约在 416 年或 535 年，火山锥体坍塌，形成了一
个约 7000 米宽的破火山口。喀拉喀托火山以 1883 年那次
剧烈的喷发而闻名，这次喷发也是第一批有科学资料记载
的火山喷发活动之一。据说，数千千米之外的地方都听到
了它喷发时产生的巨大的爆炸声！

经历了不到 50 年的休眠期，1927 年喀拉喀托火山再次喷
发。这次喷发形成了一座新的火山岛——阿纳喀拉喀托（意
思是"喀拉喀托之子"）。

50

死亡海啸

从剧烈程度来讲，1883 年的喀拉喀托火山喷发，
在印度尼西亚有记录以来的火山喷发活动中
排名第二。这次喷发夺去了约 3.6 万人的生命，
摧毁了附近约 200 个沿海城市和村庄。
造成这次灾难的直接原因是
火山喷发之后引发的大海啸。

坦博拉火山
印度尼西亚

坦博拉火山巨大无比，拥有一个直径 6 千米的破火山口。这座火山构成了一座约 60 千米宽的半岛，位于印度尼西亚松巴哇岛北部。

坦博拉火山在 1815 年的那次喷发尤为著名。那次喷发直接夺去了至少 5 万人的生命。不仅如此，它还是 1816 年"无夏之年"的始作俑者 —— 1815 年的喷发导致北半球从美国东海岸到中国的气温陡然下跌。火山喷发之后，粮食歉收，随之而来的是大规模的饥荒。

很多火山学家认为，1815 年的坦博拉火山喷发是有史以来破坏性最强的火山活动事件。甚至还有人说，这次火山喷发导致的恶劣气候，是拿破仑在著名的滑铁卢战役中兵败的原因。

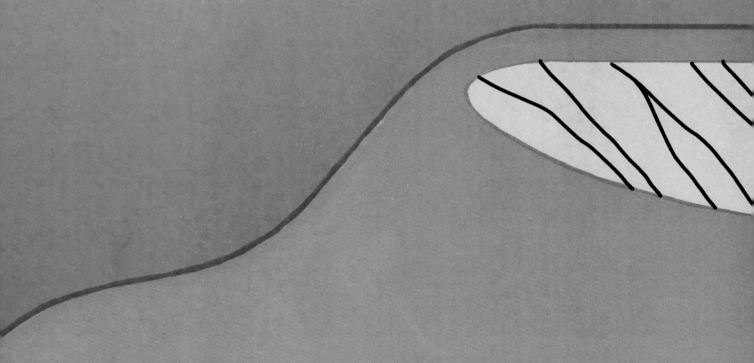

自行车应运而生

1815 年坦博拉火山喷发后，
恶劣气候引发的饥荒导致牲畜数量骤减，
哪怕是与印度尼西亚相隔遥远的欧洲也受到影响。
当时的人们必须另寻运输工具。1817 年 6 月，
德国林业官员卡尔·冯·德莱斯男爵发明了一种
两轮木制运输工具，他为这种工具取名"奔跑机器"。
后来，这种工具成了自行车的雏形。

鲁阿佩胡火山 ▲
新西兰

冒纳罗亚火山
基拉韦厄火山
洛伊希海底火山
夏威夷群岛（美）

大洋洲 OCÉANIE

鲁阿佩胡火山

新西兰

鲁阿佩胡火山是新西兰最活跃的火山之一。这是一座巨大的层状火山（又称复合火山，呈圆锥形），海拔 2797 米。在目前活跃的火山口内有一个宽阔的酸性火山口湖。1.2 万年以来，在鲁阿佩胡火山的山顶和山坡上，至少有 5 个火山口一度活跃过。

鲁阿佩胡火山在 2019 年 4 月的火山活动引起了广泛关注。主火山口里的酸性湖水温度上升到 44℃左右，数日之后才有所下降。

爱情火山

在毛利人的传说里，
鲁阿佩胡火山是一位美丽的姑娘，
远在西海岸的塔拉纳基火山静静地注视着她，
山坡上的雾霭代表着对她的爱意。

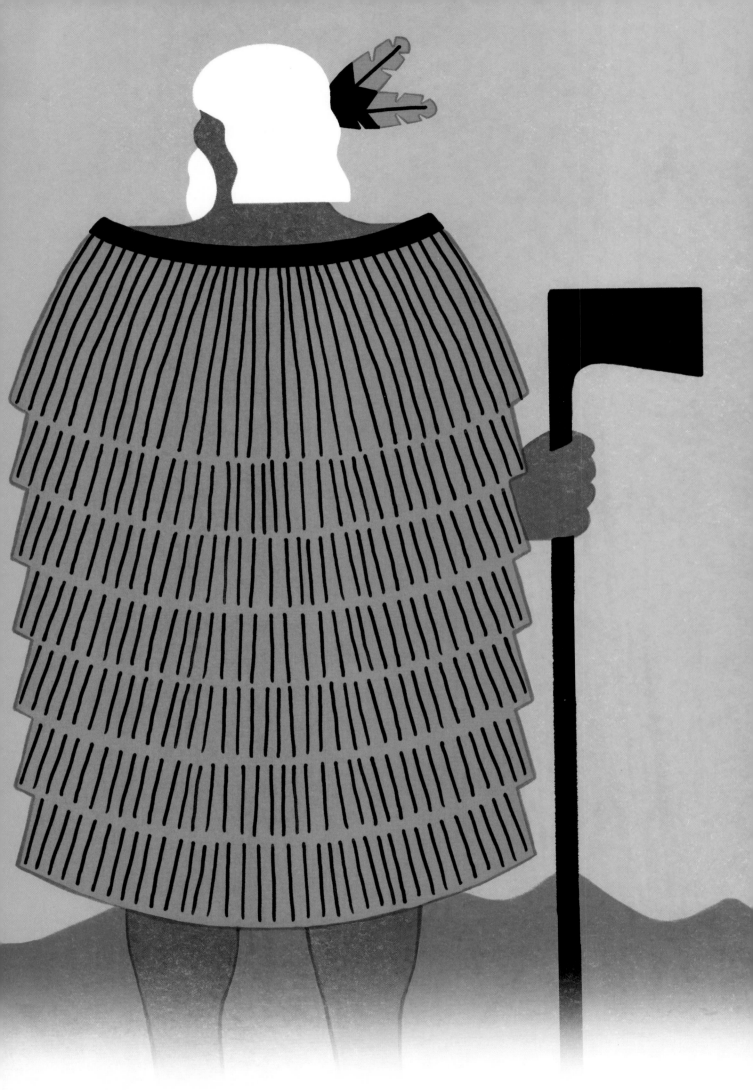

冒纳罗亚火山

夏威夷群岛（美）

冒纳罗亚火山是世界上最高的活火山！它是一座巨型盾状火山 —— 形状就像一块扣在地上的盾牌。它位于夏威夷岛，这是夏威夷群岛中最大的岛屿，由5座火山组成，火山与火山之间的距离非常近，以至于汇聚成了夏威夷岛。

比珠穆朗玛峰还高

冒纳罗亚火山在海平面以上的高度是4170米。但是，它还有一部分藏在海面之下。如果我们从它的底部（位于海底）算起，它的实际高度约为9170米，比珠穆朗玛峰（8848.86米）还高呢！

夏威夷群岛

这里是美国的第五十个州，这片土地是由火山岛组成的群岛。它的美独一无二，瑰丽多姿，浑然天成。夏威夷有很多神话，其中关于掌管火、闪电和火山的女神佩蕾的传说尤为盛行，还被编成剧目搬上舞台。

在夏威夷人的心目中，女神佩蕾有着重要的地位。

洛伊希海底火山
夏威夷群岛（美）

洛伊希海底火山距离夏威夷岛东南沿海大约 35 千米。
它是夏威夷火山中最年轻的一座火山！

它的最高点位于海平面以下约 975 米。最近一次喷发从 1996 年
开始持续至今，目前它的活动形式主要为喷发气体。

洛伊希海底火山可能会造就下一座夏威夷岛！

基拉韦厄火山
夏威夷群岛（美）

基拉韦厄火山与巨大的盾状火山冒纳罗亚火山的东侧相交，是世界上最活跃的火山之一！从 1983 年开始，它就一直处于喷发状态。火山熔岩流覆盖区域超过 100 平方千米，摧毁了近 200 座房屋，并不断使海岸线向大洋扩展。

该火山 200 多年以来最大的一次喷发活动发生在 2018 年 4 月至 9 月，这次喷发导致了火山口向内坍塌。

女神的家

在神话传说里，基拉韦厄火山是女神佩蕾的家。
如今，这座火山仍是夏威夷人举行宗教活动
的圣地，是歌曲咏唱和祭祀朝拜的对象。
人们甚至说，那些由于风力作用而形成的
熔岩细丝是"佩蕾的秀发"。

非洲

AFRI
QUE

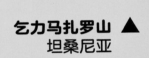

乞力马扎罗山 ▲
坦桑尼亚

富尔奈斯火山 ▲
留尼汪（法）

乞力马扎罗山
坦桑尼亚

乞力马扎罗山是非洲最高的山，海拔 5895 米。它是一座层状火山，主要由基博、马文济和希拉 3 座火山构成。

希拉大约在 250 万年前出现。马文济和基博就年轻多了，它们最近的火山活动大约出现在 45 万年前。如今，还能够看到气体从基博的火山口释放出来。

正在消失的冰川

乞力马扎罗山是科学界研究最多的火山之一。

比起它的喷发活动，科学家们关注更多的是它正在加速消失的冰川。

有些科学家认为，这是气候变化的结果。

富尔奈斯火山
留尼汪（法）

富尔奈斯火山位于印度洋西部，是一座盾状火山。它的3座破火山口分别于25万年前、6.5万年前和近5000年前形成。

它是世界上最活跃的火山之一。自17世纪以来，富尔奈斯火山共计喷发150多次，其中大部分喷发都产生了危险的熔岩流。2019年6月那次喷发，形成了壮观的熔岩喷泉和熔岩流。

富尔奈斯火山周围几乎无人居住，对我们人类来说危险指数很低。

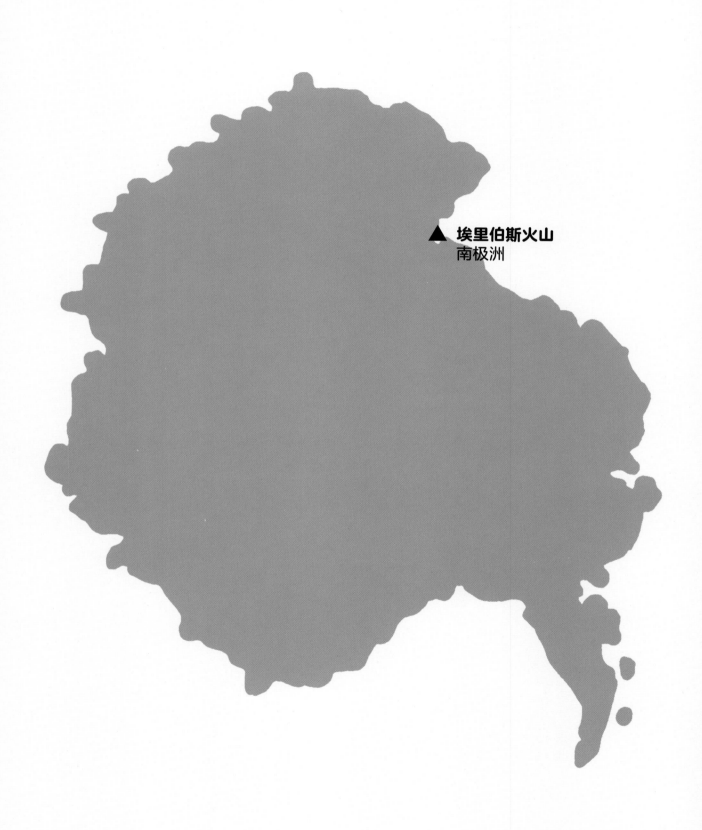

▲ 埃里伯斯火山
南极洲

南極洲 ANTAR CTI QUE

埃里伯斯火山
南极洲

埃里伯斯火山是地球上已知的地理位置最靠南的活火山。它位于南极洲的罗斯岛上。山顶的火山口直径五六百米，深约 110 米，里面有一个熔岩湖。

从 1972 年开始，埃里伯斯火山就处于持续喷发状态，但规模都比较小，只是向火山口周围喷出火山弹。

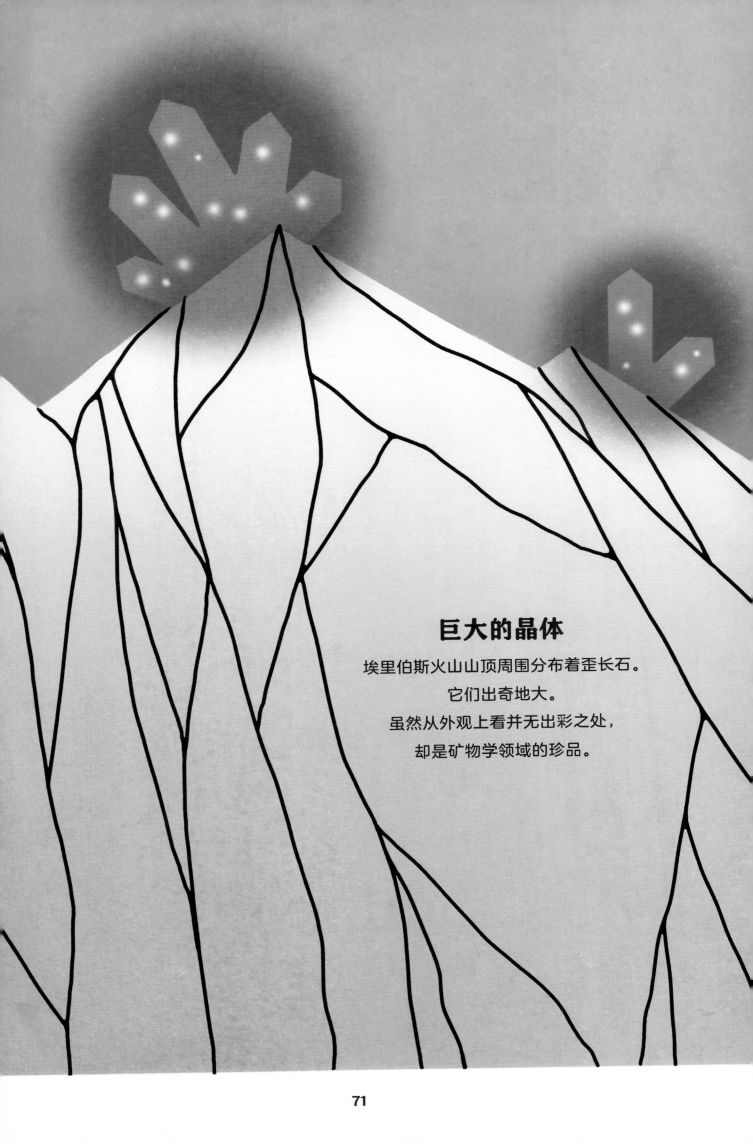

巨大的晶体

埃里伯斯火山山顶周围分布着歪长石。

它们出奇地大。

虽然从外观上看并无出彩之处，

却是矿物学领域的珍品。

太阳系的其他地方

AILLEURS DANS LE SYSTÈME SOLAIRE

奥林匹斯山
火星

普罗米修斯火山
木卫一

冰火山
土卫二

普罗米修斯火山
木卫一

普罗米修斯火山是木卫一上的活火山。高达近 80 千米的硫黄火山烟羽是这座火山的特色。

1979 年，"旅行者 1 号"探测器首次发现了普罗米修斯火山，从那以后，每次观测时都看到它处于活跃状态。

奥林匹斯山
火星

奥林匹斯山高约 25 千米，大约是珠穆朗玛峰高度的 3 倍。
它是太阳系里已知的最大火山！

火星上的火山个头巨大，是地球火山的 10 倍乃至 100 倍。
一些科学家认为，地球地壳的板块处于运动之中，
而火星几乎没有板块运动，因此火山可以一直
在同一个地点喷发，熔岩更容易在火山口周围堆积，
所以火星上的火山才会拥有巨人般的"身体"。

冰火山
土卫二

2006 年，"卡西尼号"探测器发回了土卫
二表面冰火山的图片。冰火山并没有像多
数火山那样喷出熔岩，它喷出的可能是冰
冷的液体或气体，包含水、氨和甲烷等。

更深的探索

火山喷发的原理

地球的深处温度极高，压力极大，那些组成地幔的岩石在这样的环境中，有的会慢慢熔化，形成岩浆。

岩浆是一种特别黏稠的液体，和蜂蜜有些类似。因为它是液态的，比周围固态的岩石密度小，所以就会往上涌，一直涌到地壳，暂时汇聚在地壳的岩浆房里。

地壳出现裂缝时，岩浆会继续往上涌，最终到达地球表面，引起火山喷发。

1. 火山
2. 岩浆房
3. 地壳
4. 地幔
5. 地核

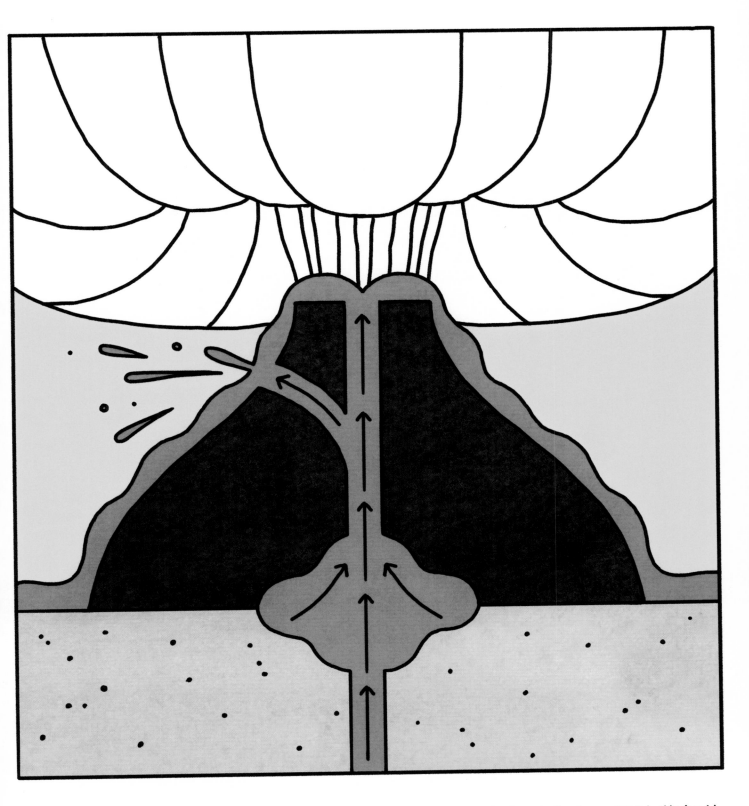

岩浆一旦到达地球表面，就被称为"熔岩"。有的火山喷发呈爆炸式，有的则呈溢流式。决定因素之一是被挤压在岩浆里的气体（可以直观地理解为类似于苏打水里的气体）的含量；决定因素之二是这些气体释放出来的难易程度。岩浆越黏稠，气体释放的难度就越大，火山喷发就越容易呈爆炸式。

火山学家克拉夫特夫妇

法国火山学家克拉夫特夫妇（莫里斯·克拉夫特和卡蒂亚·克拉夫特）与火山的故事广为人知。他们用毕生的精力，通过拍摄震撼人心的照片和视频记录火山喷发。哪怕是最微不足道的警报信号，都会引起克拉夫特夫妇极大的重视，他们也因此而闻名。他们近距离观测了超过 175 次的火山喷发。

1991 年 6 月 3 日，日本云仙岳火山喷发，克拉夫特夫妇被火山碎屑流困住，为热爱的事业献出了生命。

他们的工作提高了人们对火山危险性的认识，避免了更多悲剧的发生。

地球上至少有 500 座冒烟的火山，而热衷于近距离观察火山喷发过程的克拉夫特夫妇曾爬上过其中一半的火山。

火山监测工作

火山地震是火山再次喷发的先兆。地震仪能够记录几分钟到数月不等的震动情况。右图是地震仪中的一种。

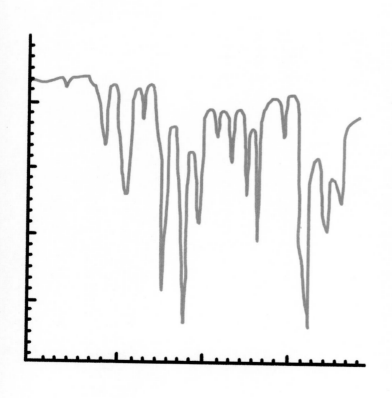

活火山口释放出的气体浓度发生变化，也预示着可能会发生火山喷发。人们通过光谱仪定期监测火山释放出的气体中各种成分的浓度。

想要监测喷发状态下的火山释放出的气体，往往极其困难且危险。因此，人们将能够监测活火山温度和二氧化硫＊浓度的特殊传感器安装到卫星上。

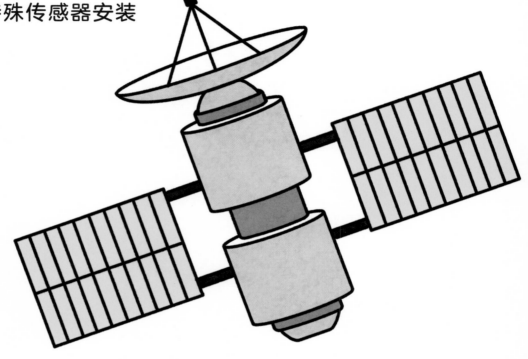

但是，目前最抢眼的监测工具非无人机莫属！火山学家们已经开始给无人机安装光谱仪，让它们直接飞进正在喷发的火山烟羽中！

＊二氧化硫是大气主要污染物之一，火山喷发时会喷出该气体。——编者注

词汇表

冰下火山

位于冰川或冰盖下面的火山。

超级爆发

剧烈的火山喷发，能产生超过1000立方千米的喷发物。

单成因火山

只喷发一次形成的火山。

地 幔

地球内部构造的一个圈层，位于地壳以下，地核之上。

地 壳

地球表面坚硬的一层，由大陆型地壳和大洋型地壳组成，体积约为地球的1%。

盾状火山

几乎完全由熔岩流形成的火山类型，坡度平缓，状如一块平放在地上的战士盾牌，因此得名。

伏尔甘

罗马神话中的火神、锻冶之神。

构造板块

在地幔上漂移的巨大而坚硬的岩石板块，形状不规则。

活火山

正在喷发或在人类历史上经常周期性喷发的火山。对那些历史上曾经活动过，但长期处于静止状态，并仍有可能喷发的火山，人们说它们正在"休眠"。

火山口

火山活动时地下高温气体、岩浆物质喷到地面的出口。

火山口湖

火山口所在的洼地内积水而成的湖。

火山碎屑流

在爆炸性极强的火山喷发过程中，沿

山坡高速俯冲下来的物质，由高温火山灰、熔岩碎屑和气体混合而成，极具破坏性。

火山学家
研究火山的科学家。

火山锥
火山喷发物在火山口附近堆积成的锥状山地。

甲烷
无色无味的气体，极易燃，其分子由 1 个碳原子和 4 个氢原子构成。

间歇泉
地球表面的"孔"，周期性喷射出热水柱和汽柱。

破火山口
在大型火山喷发中，火山口周边的火山堆积物崩塌，向内陷落而形成的比原火山口大得多的洼地。

熔岩
从火山口或裂缝中喷溢出来的高温岩浆，也指这种岩浆冷却后凝固成的岩石。

死火山
在人类有记载的历史中没有喷发，也没有任何喷发迹象，仅有火山遗迹的火山。

酸性火山口湖
地球深处的气体，如二氧化硫、三氧化硫和氯化氢，上升到地球表面，与火山口湖里的湖水接触、溶解，形成酸性火山口湖。

岩浆房
地壳中岩浆的储藏库，常位于火山之下。